Bibliografische Information der Deutschen Nationalbibliothek:

Die Deutsche Bibliothek verzeichnet diese Publikation in der Deutschen National-
bibliografie; detaillierte bibliografische Daten sind im Internet über http://dnb.d-
nb.de/ abrufbar.

Impressum:

Copyright © 2015 GRIN Verlag
Druck und Bindung: Books on Demand GmbH, Norderstedt Germany
ISBN: 9783668603332

Dieses Buch bei GRIN:

https://www.grin.com/document/386160

Erik Schittko

Charakter und die Erscheinungsformen von Erlebnisräumen. Welche Ausprägungsmuster weisen die verschiedenen Themenorte auf?

GRIN Verlag

Friedrich-Schiller-Universität Jena   SoSem 2015

Institut für Geographie

Hausarbeit

Erlebnisräume –
Zwischen Konstruktion und Wirklichkeit

vorgelegt von:

Erik Schittko

Abgabedatum: 31.07.2015

Inhaltsverzeichnis

Abbildungsverzeichnis

1 Einleitung

„Die Einkaufszentren verwandeln sich in Schauplätze einer Wiederverzauberung der Welt, nach der wir uns gerade deshalb sehnen, weil jede Spur von Magie, Aura, Charisma und Zauber aus unserem aufgeklärten Alltag getilgt ist.“

(BOLZ 1999: o.S.)

Berichten aus Branchenzeitschriften und Wirtschaftsmagazinen zufolge leben wir Deutschen in einer Freizeit – und Dienstleistungsgesellschaft. Die Arbeitszeit scheint nur noch die Hälfte des alltäglichen Zeitpensums eines Bundesbürgers auszumachen. Dementsprechend vielfältige Angebote breiten sich in einem übersättigten, doch permanent anwachsenden Markt der Tourismusindustrie aus. Die Verlockung ist höher denn je, aber mit ihr auch die Angst der Konsumenten einen gegenwärtigen Trend bezüglich Lifestyle-Orientierung und Freizeitkonsum zu verpassen, oder in eine Ohnmacht der Produktselektionszwänge zu fallen.

Die Vielzahl von errichteten Freizeit- und Erlebniseinrichtungen, ist groß und erfährt einen anhaltenden Aufschwung durch den jährlichen Anstieg der Besucherzahlen. Das Erlebnis stellt eine Art kategorischen Imperativ unserer Zeit dar. Nur was bedeutet das Erleben in thematisierten Erlebnisräumen überhaupt?

Ziel dieser Hausarbeit ist es, den Charakter und die Erscheinungsform dieser Erlebnisräume zu betrachten. Es stellt sich im Zuge dessen die Frage, um welche Art von Themenort es sich hierbei handelt und welche Ausprägungsmuster er aufweist. Die Erfassung der Rahmenbedingungen ist jedoch nicht ausreichend, um den Kern des Phänomens von Erlebniswelten, Erlebnisräumen und Themenorten zu erfassen. Vielmehr befassen wir uns in der mehrperspektivischen Betrachtung mit einer postmodernen, eigenständigen Form des Raumes, in welchem handelnde Akteure gestaltend und sinnstiftend tätig sind und weitreichende Auswirkungen auf unser Raumverständnis und unser räumliches Interesse die Folge ist. Demnach gilt es Hintergründe zu beleuchten, und eine fundierte wissenschaftliche Grundlage für eine angestrebte Deutung des Phänomens zu schaffen.

2 Sozialgeographische Einbettung von Themenorten

Um den Begriff *Themenorte* und deren Relevanz für das sozialgeographisches Verständnis zu erklären, ist die Verwendung theoretischer Ansätze aus der Geographiegeschichte unumgänglich. Den Ausgangspunkt dafür stellt die „*Place and Space*"- Theorie dar, welche einen Zusammenhang zwischen dem Raum (*space*), wie er als solcher existiert, und dem Begriff des Ortes (*place*) herstellt. Die Theorie gibt einen Erklärungsansatz für das Verständnis darüber, was Themenorte aus geographischer Sicht überhaupt sind und wie sich diese vom Begriff Raum unterscheiden. Grundlegend stellt der Raum den Ansatzpunkt jeglicher humangeographischer Betrachtungen bzw. Forschungen dar. Es wird angenommen, dass es einen bestehenden Raum gibt, welcher mit bestimmten physischen Eigenschaften ausgestattet ist (KNOX & MARSTON 2008:1). Dieser Raumausschnitt wird zuerst als abstrakt und ohne jede Sinnhaftigkeit wahrgenommen. Der *space* kann durch das Vorhandensein des Menschen zum *place*, also einem Ort mit Bedeutung, transformiert werden, denn *places* entstehen durch das Zusammentreffen sozialer Beziehungen (KNOX & MARSTON 2008:3). Orte werden also durch die subjektive Sicht der erfassenden Personen aus unterschiedlichen Motiven, sowie durch ihr Einwirken und Handeln innerhalb des spaces geformt. Dadurch erfahren diese eine individuelle Sinnzuweisung bzw. Bedeutungsaufladung (KNOX & MARSTON 2008:5). „*Place*" ist demzufolge nach WERLEN (2008:345): „Ausdruck einer Aneignung, bei der eine sinnhafte Belegung eines räumlichen Handlungskontextes durch menschliches Handeln erfolgt". Das heißt auch, dass Orte, je nach Betrachter, keine feste und einmalige Bedeutung besitzen und daher dynamisch sind (KNOX & MARSTON 2008:3). Der wesentliche Unterschied zwischen beiden Begriffen besteht darin, dass der *place* nicht mehr nur wie der *space* rein physische Eigenschaften besitzt, sondern sich durch eine starke soziale und kulturelle Konstruktion auszeichnet (KNOX & MARSTON 2008:1). Dabei bedingen diese beiden Begrifflichkeiten einander, denn ein *place* kann niemals ohne den *space* auftreten.
Es stellt sich nun die Frage, warum wir Menschen einige Orte als sehr wichtig empfinden und andere uns kaum im Gedächtnis bleiben. Genau diese Fragen sind bedeutsam für die Themenorte und ihre Konstrukteure, die die Relevanz des Ortes

für den Menschen bzw. den Konsumenten analysieren und den Ort so gestalten müssen, dass er sich mit ihm identifizieren kann.

Es ist also abzuleiten, dass die Bedeutung einer Landschaft, eines Raumes oder Ortes erst durch alltägliche Handlungen, wie beispielsweise die des historischen Erinnerns oder einer gesellschaftlich, ökonomisch, politischen Symbolzuweisung erzeugt wird (KNOX & MARSTON 2008:374). Genau dieses Phänomen wird in der Theorie der Themenorte problematisiert und in neueren Diskursen kritisch besprochen.

Häufig werden die thematischen Orte zu kommerziellen Zwecken errichtet. Dies kann nur in die Tat umgesetzt werden, wenn die Bedeutungsaufladung die verschiedensten Bedürfnisse des Konsumenten weckt. Hierbei ist auf Aspekte des Inhaltes bzw. des Sinnes der Thematisierung sowie auf das vielfältige Spektrum der Bedürfnismuster zu achten (FLITNER & LOSSAU 2006:8).

Nun besteht noch die Frage, was dieses Phänomen für Geographen so besonders macht bzw. warum es überhaupt Inhalt eines geographischen Forschungsansatzes ist. Insgesamt muss man das Konzept der Themenorte in die humangeographische Sparte einordnen. Einerseits befassen sich die Themenorte mit rein wirtschaftsgeographischen Problemstellungen, da sie eng mit dem Freizeit- und Tourismusverhalten der Konsumenten gekoppelt sind: Die ökonomische Inszenierung von Orten für touristische Zwecke und die daraus resultierenden Finanzströme bleiben aus wirtschaftsgeographischer Sicht auch zukünftig außerordentlich wichtig, da dieser Sektor ein hohes Wachstumspotenzial aufweist (KNOX & MARSTON 2008:720). Andererseits ist die Betrachtung auf soziokultureller Ebene ebenso interessant. In der Sozialgeographie bringen die Themenorte Erkenntnisse darüber, wie Menschen bestimmte Orte wahrnehmen, welche Orte sie bevorzugen und wie Unternehmen versuchen, die Wünsche der Konsumenten in der Umgestaltung der Orte umzusetzen. Allerdings ist die Bedeutungsaufladung für jeden Mensch individuell und basiert auf einem Prozess der Konstruktion von Raum. Folglich ist die persönlich Aufladung eines Ortes mit einem bestimmten Sinn, ein Prozess des alltäglichen Geographie-Machens (FLITNER & LOSSAU 2006:20) und beinhalten einen starken Praxisbezug. Leitfragen zu diesem Themenkomplex könnten lauten: Wie kommt es zu einer subjektiven Bedeutungszuweisung an Themenorten im kulturellen Kontext und an welchen sozialen Einstellungen kann man einen persönlichen Bezug feststellen?

3 Der Kommerzielle Themenort

Themenorte lassen sich je nach ihrer Ausrichtung als funktional-, politisch- und kommerziell typisieren (FLITNER 2006:8). In Betrachtung ihrer Entstehung muss man von einer Konstruiertheit ausgehen, die somit impliziert, dass wir uns mit kulturellen Raumgestaltungsprozessen auseinandersetzen. Es sind drei Ebenen zu berücksichtigen, die den Grundriss für die Etablierung eines Themenortes bilden: Produkt, Kontext und mediale Repräsentation.

Die Kommerziellen Themenorte sind die wohl anschaulichsten Beispiele für thematisierte Orte und sollen als Betrachtungsgegenstand in den folgenden Ausführungen herangezogen werden. Dazu gehören alle Standorte, welche gezielt in Szene gesetzt wurden und welche, wie die Bezeichnung suggeriert, durch ihre strenge Profitorientierung gekennzeichnet sind. Die Produzenten der Themenorte versuchen gezielt einen Raum thematisch aufzuladen und ein möglichst großes Spektrum an Besuchern unter der Berücksichtigung verschiedenster Bedürfnisse zu mobilisieren und zu befriedigen, um primär einen großen finanziellen Nutzen zu erhalten (FLITNER & LOSSAU 2006:8). Auf der anderen Seite erfolgt auch eine Exklusion einiger Personengruppen aufgrund hoher Eintrittspreise und Regeln der Hausordnung. Alle, die die auferlegten Zugangs- oder Nutzungsbedingungen nicht erfüllen können, werden ab- bzw. ausgewiesen (LOSSAU & FLITNER 2006:8). Die gesamte Strategie basiert auf einer konsequenten Erlebnisorientierung und der permanenten Kundenbezogenheit, die es möglich macht, sich auf schnell variable Bedürfnisse der Konsumenten einzustellen (STEINECKE 2000:44). Neben der Konsumentenorientierung sind Multioptionalität und ein standardisiertes Angebotsspektrum, aus dem die Besucher frei wählen und nach Belieben kombinieren können, ein weiteres Hauptmerkmal der kommerziellen Themenorte (STEINECKE 2000:42).

4. Der Erlebnisraum als spezifischer Themenort

Im Zusammenhang der literarischen Auseinandersetzung mit Themenorten treten fortwährend die Begriff des Erlebnisses, Erlebnisräume und Erlebnisorientierung auf. Folgende Definition findet sich bei WEINBERG & DIEHL (2000:189) hierzu:

> „Unter einem Erlebnis versteht man den subjektiv wahrgenommenen, durch das Produkt und die marketingpolitischen Maßnahmen vermittelten Beitrag zur Lebensqualität der Konsumenten. Der Gesamteindruck der vermittelten Erlebnisse ergibt die Erlebniswelt."

4.1 Voraussetzungen für die Entstehung von Erlebnisräumen

Die grundlegende Determinante, welche die Basis und den Nährboden für die Errichtung spezifischer Erlebnisräume darstellt, findet sich nach OPASCHOWSKI (1995:6) in dem gesellschaftlichen Konsumwandel vom Versorgungs- zum Erlebniskonsum der westlichen Gesellschaften. Die in diesem Kontext stattgefundene Verminderung der Wochenarbeitszeit von 50 auf 38,5 Stunden und die damit verbundene Freizeitvermehrung (OPASCHOWSKI 1995:16) führt wie durch STEINECKE (2009:29) beschrieben zu einer Umordnung des gesellschaftlichen Wertesystems von Grundsätzen wie Leistung, Ordnung, Pflichtgefühl zu einem Fokussieren der persönlichen Entfaltung und des persönlichen Vergnügens. Weiterführend ist dieser Wertewandel begleitend durch gravierende soziale und ökonomische Umstrukturierungen gekennzeichnet. Dies schlägt sich in einem allgemeinen höheren Einkommensniveau der Bevölkerung, sowie der durch den Sektorenwandel bedingten Tertiärisierung der Wirtschaft nieder. Der von HENNINGS (2000:56) beschriebene hedonistische Produktanspruch seitens der Nachfrager (Abwechslung, Unterhaltung, Genuss, Verwirklichung emotionaler Bedürfnisse etc.) steht exemplarisch für das Ergebnis des Wertewandels.

Um einem solchen Anspruchsdenken gerecht zu werden, ist in der Vielzahl heutiger Produkte ein gewisser „Mehrnutzen", sowie Erlebnischarakter integriert.

Der Wertewandel führte dementsprechend in Betrachtung der gesellschaftlichen Entwicklung Deutschlands von einer Überlebensgesellschaft (Ende der 1940'er- der 1950'er- bis Ende der 1960'er Jahre) hin zu einer postmodernen „Erlebnis – Gesellschaft" (seit Mitte der 1980'er Jahre) (STEINECKE 2009:30).

So tragen die gesteigerten Konsummöglichkeiten und der Erlebnischarakter vieler Produkte nach OPASCHOWSKI (1998:14) zu Steigerung der Lebensqualität bei und erzeugen davon ausgehend das Bedürfnis, das Leben zu genießen, Eindrücke zu sammeln, sich verwöhnen und animieren zu lassen.

Wenn sich also in der heutigen Erlebnisgesellschaft ein deutlicher Bedürfnistrend zum Hedonismus, Individualismus und Erlebnishunger abzeichnet, wie durch BECKER ET AL. (2007:127) aufgezeigt, muss dieser zwangsläufig auch auf marktökonomische Erschließung in differenzierten Freizeitbereichen stoßen. Ersichtlich wird dies beispielsweise im Freizeitbereich Sport durch Trendsportarten wie Trekking, Rafting, Mountainiering, Boungee Jumping, welche allesamt sportliche Aktivitäten mit besonderem Erlebnispotenzial darstellen, die sich durch einen Zusatznutzen materieller Art (Gimmicks, Specials) oder emotionaler Art auszeichnen (Staunen, Grenzerfahrung, Status). Die Grundessenz für diesen Abenteuer- und Extremtourismus bildet allerdings immer die marketingtechnische Regulation und Steuerung dieser Prozesse (vgl. BECKER ET AL. 2007: 80).

Um auf das im Punkt 4 angeführte Zitat von Weinberg & Diehl zurückzukommen, kann sich eine solche erzeugte Erlebniswelt des Sporttourismus auf alle Bereiche unserer Freizeitkultur übertragen. An dieser Stelle zeigt OPASCHOWSKI (1995:279) eindrucksvoll, dass im Grunde genommen kein Bereich unserer alltäglichen Freizeitwelt von den Dienstleistungsstrukturen der industrialisierten Erlebnisorientierung verschont bleibt, welche zunehmend Individualisierungs- und Lifestyle- Typisierungsangebote zwischen Tanz-Schule, Heimwerker –Club , Verzehr –Kino und Fitness-Center etabliert. Die Erlebniswelten lassen sich zudem noch in einzelne Erlebnissektoren untergliedern, welche sich wiederum in höhergestellten Sozialbereichen wiederfinden. So existiert beispielsweise eine Erlebniswelt Reisen, welche sich in den Tourismusbereich einordnen lässt. (OPASCHOWSKI 1995:146).

Abbildung 1: **Zuordnung von Erlebniswelten in** OPASCHOWSKI **(1995:156)**

In der Betrachtung der dargestellten Ergebnisse ist ersichtlich, dass Einerseits zentrale Triebkräfte existieren, welche die Existenz und Gestaltung von Erlebniswelten ermöglichen. Hierbei kristallisiert sich ein hedonistisches- und erlebnisorientiertes Konsumverhalten der Nachfrager heraus, welches einer vielschichtigen, übersättigten, individualisierten, sowie auf Mehrnutzen und Erlebnischarakter ausgerichtete Produkt- und Angebotspalette seitens der Produzenten gegenübersteht.

Andererseits stellt sich die Frage, ob im Hintergrund geografischer Betrachtungen eine räumliche Einteilung und Inklusion der dargestellten Vielfalt und Verbreitungserscheinung von konstruierten Erlebniswelten möglich ist.

Deshalb gelten die Begrifflichkeiten der Erlebniswelt und des Erlebnisraumes voneinander zu trennen.

Bezüglich der Erlebniswelt findet sich ein möglicher Ansatzpunkt im Weltbegriff durch BERMES (2004:54).

Welt stellt nach ihm einen resultierenden Gesamtkomplex, eine sich ergebene Einheit, aus allen in spezifischen Kontexten stehenden einwirkenden Faktoren, dar.

Ausgehend von dieser These bildet also das Konglomerat, oder der Gesamteindruck aller Erlebnisse eine Erlebniswelt (WEINBERG & DIEHL 2000: 189), welche sich wiederum nach dem Verständnis von OPASCHOWSKI (1995:146) im Kontext der Freizeitforschung in verschiedene Subtypen untergliedern lässt (bspw. Erlebniswelt Reisen, Erlebniswelt Kultur, Erlebniswelt Ausgehen, Erlebniswelt Sport, Erlebniswelt Medien, Erlebniswelt Baden etc.).

Soweit soll diese Ausführung zur grundlegenden Auffassung von Erlebniswelten in der Literatur genügen. Jedoch bleibt noch zu klären, wie sich diese Erlebniswelten nun in räumlichen Bezügen wiederspiegeln.

Diese werden durch Einbettung in räumliche Interaktions-und Handlungsprozesse von zusammentreffenden Akteuren zum Ausdruck gebracht. Gestützt wird diese These durch LOSSAU ET AL. (2014:253), welche die Herausformung von Orten des Erlebniskonsums, wiederum mit dem Zusammentreffen von erlebnisorientiertem Angebot und Nachfrage begründet.

Damit lässt sich gleichzeitig stellungnehmend zur im Punkt 2 erläuterten Theorie des „Place and Space" eine Sinnbeladung von bestehenden sinnfreien, abstrakten Räumen (Space) zum Erlebnisraum abstrahieren.

So wird der Raum durch die Integration von Erlebniswelten über das Angebotsspektrum zuerst mit zahlreichen Erlebnismöglichkeiten beladen. Anschließend erfährt dieser eine individuelle Aneignung, Selektion, Mitgestaltung der Erlebniswelten, durch die sich im Raum bewegenden, interagierenden und aneignenden Nachfrager (vgl. HASSE 1994:18).

Den Erlebnisraum müssen wir also, beruhend auf dieser Argumentation, als Place im Sinne des Erlebens verstehen, welcher ein Bindeglied zwischen zweckbestimmter Raumkonstruktion, sowie dem immateriellen, imaginierten und angeeigneten Raum darstellt (vgl. HASSE 1994:19).

Die große Anzahl und der weltweite anhaltende Boom von Freizeit- und Tourismuseinrichtungen beweisen die Existenz solcher auffindbaren Standorte des Erlebens. Hierbei treten Multifunktionskonsumkomplexe neben klassischen Vergnügungsstandorten aus dem Hause Disney oder Mack (Europa -Park Rust) als klassische und allbekannte Erlebnisräume auf, wie durch BECKER ET AL. (2007:125) veranschaulicht. Allerdings ist in einer Zeit der Virtualisierung nicht von der Hand zu weisen, dass sich das Erleben zunehmend auch auf den virtuellen, also nicht haptischen Raum erstreckt (BECKER ET AL. 2007:81) und somit gerade unter dem

Gesichtspunkt zunehmender Reflexion und Erweiterung des Raumverständnisses innerhalb der Humangeographie eine wichtige Rolle spielt.

Die Analyse und Erforschung der Erlebnisräume, sowie deren Bedeutung für Raumwahrnehmung und Raumverständnis und deren Auswirkungen auf weiterführende Raumgestaltungsprozesse nimmt in den folgenden Abschnitten zentrale Stellung ein.

4.2 Charakterisierung von Erlebnisräumen

Erlebnisräume bedienen nach HASSE (1994:50) ein breit gefächertes Vereinnahmungsspektrum in unserer heutigen, sozialisationsgefiltert-wahrgenommenen Umwelt. Es soll hierbei allerdings keinesfalls die Deutung aufkommen, dass wir uns im Umgang und der Erforschung von Erlebnisräumen ausschließlich mit einem Untersuchungsgegenstand des Konsumzeitalters im 20. Jahrhundert, sowie 21. Jahrhundert auseinandersetzen.

Nach BECKER ET AL. (2007:129) erfolgte schon spätestens seit dem 17. Jahrhundert die Ausprägung eines Entwicklungstrends zu dauerhaften Themeninszenierungen und Modellierung künstlich gestalteter Ideallandschaften, sowie kulissenhafter Architektur, wie sich am Beispiel französischer Barockgärten des 17.- und 18. Jahrhunderts, erkennen lässt.

Allerdings stellt vor allem das Verbreitungsausmaß, die fortwährend immer stärker virtualisierte, individualisierte, spezifizierte, thematisierte, sowie globalisierte Erscheinungsform von Erlebnisräumen eine gänzlich neue Betrachtungsdimension dar (BECKER ET AL. 2007:127). Eine Kombination dieser Entwicklung mit den im Punkt 4.1 beschriebene Veränderung im gesellschaftlichen Grundkonzept und – Wertemaßstab, lässt an dieser Stelle die Aussage von HERWIG & HOLZHERR (2006:24) treffend erscheinen: „No one can escape the entertainment market these days."

Demzufolge werden wir Mitglieder westlicher Industrienationen in unseren Handlungskonzepten direkt oder indirekt von den Auswirkungen besagter Räume des Erlebens beeinflusst.

Umso wichtiger scheint es also, Einblicke in die Strukturen von Erlebnisräumen zu erlangen, die Bandbreite deren Erscheinungsformen aufzuzeigen, sowie vorhandene Steuerungsfaktoren und Intensionen zu beleuchten.

Die Erlebnisräume stellen uns nach STEINECKE (2009:1) vor ein, auf den ersten Blick, schier unüberschaubares Spektrum an Angebotshaftigkeit- und Mannigfaltigkeit.

Die aufgeführte Auswahl erstreckt sich von Freizeit-Themenparks über Musical Center, Themenhotels bis zu Indoor-Skianlagen und „Urban Entertainment Center" (STEINECKE 2000:42). Diese „Urban Entertainment Center" stützen sich auf das Konzept der Multioptionalität, welches besagt, dass sämtliche Nachfragestrukturen in den Sozialbereichen Freizeit, Kultur, Konsum, Unterbringung und Sport an einem Standort und unter dem Dach eines baulichen Konstruktes zusammenkommen.

An dieser Stelle lässt sich das schon im Punkt 4.1 angeführte Konzepte der Zuordnung und Einteilung von Erlebniswelten nach OPASCHOWSKI (1995:146) aufgreifen. Wir haben es demnach am Beispiel der „Urban Entertainment Center" mit einer Integration verschiedener Erlebniswelten in ein komplexes System des Erlebnisraumes zu tun, in welchem diese zielgerichtet zum Ausdruck gebracht werden.

Trotz anfänglicher Unübersichtlichkeit in der Betrachtung der Erlebnisräume lässt sich systematisch Klarheit und Struktur abzeichnen.

Als Grundlage für die Vorgehensweise müssen wir von einem Grundkonzept der Erlebnisräume ausgehen, welches BECKER ET AL. (2007:126) in ihren Ausführungen erwähnen. Dieses stellt eine Erweiterung des zuvor erwähnten Urban Entertainment Center" dar, und impliziert über die Zusammenfügung aller Dienstleistungsangebote an einem gemeinsamen Standort zudem noch die gewerbliche, strategische, inszenierungstechnische,- sowie strukturell-logistische Verflechtung der Teilgewerbe. Betitelt wird dieses Konzept mit dem Begriff des „Mixed- Use – Center" (BECKER ET AL. 2007:126-127). Zielstellung ist die Generierung eines lokal-begrenzten, in sich stimmigen Gesamtangebots, welches sich veranschaulichend wie ein Baukastensystem zusammensetzt.

Thematisierung			Mixed-Use-Center	
Shops	Gastronomie	Theater	Museum/ Ausstellung	Platz/ Plaza
Multiplex-kino	Musicaltheater	Sport-einrichtung	Kunstgalerie	Sauna
Tiere	Hotel/FeWo	Arena	Produktions-einrichtung	Therme/ Wellness
Events	Architektur	Rides/ Fahrgeschäfte	Hochzeits-kapelle	Info-Center

Abbildung 2 **Schematischer Aufbau eines „Mixed – Use – Center" in STEINECKE (2009:4)**

Dieses in Abbildung 2 schematisch dargestellte „Mixed – Use – Center"
wird nun durch ein Dachthema abgeschlossen. An dieser Stelle lässt der
Erlebnisraum als Themenort begreifen, da hierbei auf eine gewisse Sinnhaftigkeit
und Bedeutungsaufladung des Ortes abgezielt wird. Diese ist klar von den
Produzenten der Mixed –Use- Centers vorgegeben (STEINECKE 2009:3), wird aber
erst durch den Prozess der Aneignung und Mitgestaltung der Konsumenten, und vor
allem in der möglichst homogene Bedeutungsübereinstimmung bezüglich des
Themenortes tragbar und existenzfähig (FLITNER & LOSSAU 2006:10f.).
Es lassen sich nach BECKER ET AL. (2007:127f.) verschiedene Typen von „Mixed-Use
Centers" unterschieden". Zum einen taucht nochmals der „Urban Entertainment
Center" auf, welcher sich beispielsweise durch den Potsdamer Platz im Berlin, oder
das CentrO in Oberhausen veranschaulichen lässt. Des Weiteren bildet der
Themenpark, welcher sich durch themengerechte Fahrgeschäfte, durchkonzipierte
eigenständige Themenwelten, sowie eigenen Gastronomie-, Hotel und
Einzelhandelswesen auszeichnet, eine eigenständige Form des „Mixed-Use
Centers".
Als Beispiele seien Disneyland Resort Anaheim, Europa-Park Rust oder der
Moviepark Germany zu nennen.

Auch zu diesen Sektionen zählen alle Formen von diversen Musical Centern, wie beispielsweise das Starlight- Express Theater in Bochum, aber auch die Neue Flora in Hamburg.

Der Freizeitpark stellt mit seinem typischen Angebot einer abgegrenzten Ferienumgebung, inklusive Ferienwohnungen, Einzelhandelsgeschäfte, Sport- und Vergnügungseinrichtungen, Gastronomiegewerbe und Badelandschaft, wie im Center-Park der Lüneburger Heide vorherrschend, eine eigenständige Sektion dar. Der klassische Themenpark (Disneyland, Moviepark) hingegen zeichnet sich durch eine Konstruktion von in sich geschlossenen Themenwelten mit integrierten Fahrgeschäften und Attraktionen vom Freizeitpark ab. So dienen diese Attraktionen der Komplettierung und Darstellung eines gewählten Themenbereiches und sind nicht aus reinen Vergnügungszweck, innerhalb dieser Themenwelten angesiedelt, wie die Wildwasserbahn „Iguazú" in der Themenwelt „Amazonia" im spanischen Themenpark „Isla Mágica" in Sevilla, beweist (STEINECKE 2009:65).

Besonders originell und erwähnenswert gelten des Weiteren sogenannte Brand/Corporate Lands. Diese sind auch als Markenerlebnisräume bekannt und beinhalten die Präsentation eines Unternehmens bzw. einer bestimmten Marke über das Instrument des Erlebnisraumkonzeptes nach BECKER ET AL. (2007:127f.). Beispiele für solche Brandlands finden sich anhand der Autostadt Wolfsburg, sowie des Halloren- Museums in Halle (Saale). Vorteil dieser Erlebnisräume gegenüber Themenparks bestehen nach den Ansichten von ENTREß (2000) in den längeren Kontakt – und Identifikationszeitraum des Besuchers mit der Materie.

So besitzt das Unternehmen Volkswagen die Möglichkeit mit dem Projekt der Autostadt durch verschiedene innovative Ideen, welche bewusst fernab von der üblichen Produktvermarktung angesiedelt sind, ihre Vielschichtigkeit zu präsentieren und damit Sympathie, Interesse und Nachfrage indirekt zu erzeugen, sowie einen Identifikations-, Aneignungsprozess ihrer Marke durch die Besucher hervorzurufen.

Abbildung 3 **Werbeplakat Autostadt Wolfsburg (<http://www.tirendo.de/blog/wp-content/uploads/Autostadt-erkunden.jpg> Zugriff: 25.07.15)**

Das Grundkonzept der Erlebnisraumklassifikation des „Mixed-Use Centers", erläutert durch BECKER ET AL. (2007) und STEINECKE (2009), gilt es, durch die Ansätze von HASSE an dieser Stelle zu erweitern. Dieser unterteilt die Erlebnisräume, in den Erlebnisraum der kunstvoll inszenierten Stadt, den Erlebnis-Kaufraum, sowie den Freizeit – Erlebnisraum (HASSE 1994:25f.). Dabei stellt der Erlebnisraum ein, auf eine Großstadtagglomeration bezogenes Gesamtkonzept, eines „Mixed – Use Centers" dar. Somit wird die Stadt als thematisierter Erlebniskomplex an sich begriffen, der durch die Vernetzung von Einzelträger und ihrem folgenträchtigen Handeln, innerhalb der Stadt beeinflusst wird. So zählen alternative Bürgerinitiativen/-demonstrationen (Hausbesetzung) ,neben politisch ambitionierten Stadtsanierungsmaßnahmen, genauso wie werbetechnische Beeinflussung des Times Square durch den Disneykonzern, von durch ROOST (2000:42) geschildert, zu diesen erlebnisraumerzeugenden Handlungssträngen.

Letztere Auffassung besitzt bereichernde Ansätze, welche zu einem späteren Zeitpunkt nochmals aufgegriffen werden sollen.

Der große Erfolg und die Anziehungskraft des Gesamtkonzeptes Erlebnisraum begründet sich nach HASSE (1994:119) auf die Erzeugung eines emotionalen Raumbezuges.

Diese Annahme bekräftigend spricht STEINECKE (2009:3) auch von einer konstruiert-emotional aufgeladenen Atmosphäre innerhalb des Erlebnisraumes.

Erklärungsansätze für diese Eigenschaft lassen sich dem schon beschriebenen Schlüsselprozess, der individuellen Bedeutungsaufladung und Aneignung des

Raumes entnehmen. Hierbei kann man auch von einer erzeugten emotionalen Ortsbezogenheit (sense of place) nach KNOX & MARSTON (2008:386-387) ausgehen, welche eine Gefühlsausprägung gegenüber eines Ortes durch das Hervorrufen persönlicher Erfahrungen, Erinnerungen und symbolischer Bedeutungen, impliziert. Diese findet nach STEINECKE (2009:3) innerhalb verschiedener Dimensionen des Erlebens und gliedert sich in exploratives Erleben, biotisches Erleben und soziales Erleben, sowie dem emotionalen Erleben. Das explorative Erleben ist durch die natürliche Neugier des Nachfragers gekennzeichnet und führt zum Erkunden, Ausprobieren, Erforschen der Handlungs- und Gestaltungsmöglichkeiten innerhalb eines Erlebnisraumes. Das biotischen Erleben beinhaltet die Aktivierung aller Sinne, welches durch das soziale Erleben mittels Kommunikation begleitet wird und sich schlussendlich im Endergebnis des emotionalen Erlebens, also dem Glücklich-Sein, Vergnügen, der Entspannung, in Verbindung zum Erlebnisraum, wiederspiegelt.

4.2.2 Steuerungsfaktoren

Es handelt sich bei den betrachteten Erlebnisräumen nach STEINECKE (2009:8) also um Orte der emotionalen Beeinflussung, welche den Grundsatz beinhalten eine bestimmte, dem Nachfrager wohlgestimmte, emotional ergreifende Atmosphäre hervorzurufen und ihm den bereits schon erwähnten Erlebniskonsum materieller Art (Erlebniskaufraum) oder immaterieller Art (Freizeit –Erlebnislaufraum, Themenpark, Erlebnisbad) zu gewährleisten.
Die einigende Verbindung, die alle Erlebnisräume überstreckt, spiegelt sich allerdings in einem Repertoire an Steuerungsfaktoren und Vermarktungstechniken dar, damit die angestrebte Erlebnisvermarktung erfolgsträchtig ist.
Manipulation und Beeinflussung großer Bevölkerungsteile sind im Rahmen der Gladiatorenkämpfe im antiken Rom unter dem Decknamen „Brot und Spiele" bereits bekannt (SCHLOTT 2014:5).
Es gilt natürlich nicht anzunehmen, dass in Erlebnisräumen die gleichen plakativen Muster zur Beeinflussung der Besuchermassen zum Tragen kommen, was nebenbei bemerkt eine sehr amüsante Vorstellung wäre. Jedoch müssen wir uns beim Hinterfragen dieses Komplexes auch nicht von dem Historienbezug lösen. Denn die entscheidenden Stichworte lauten an dieser Stelle Inszenierung/ Illusionierung und Mythenbildung bzw. Symbolisierung, welche in abgewandelten Formen auch schon

in den Kunstwelten des 17. Jahrhunderts zum Tragen kamen. Die optimale Darstellung und Anpreisung des Ortes wird zu einer Frage der Präsentation oder Repräsentation. Es finden Instrumentarien Anwendung, damit das Erlebnis ermöglicht wird und die Besucher und Konsumenten zur Mitgestaltung und Imagebildung beitragen können.

Das Inszenierungselement stellt hierbei den Grundbaustein für das Wirken eines Erlebnisraumes dar. Das Auge isst bekanntlich mit. Doch nicht nur Sehsinn, sondern auch Geruchsinn, Lichtempfinden, Hörsinn werden in Erlebnisräumen zielgerichtet beeinflusst (BECKER ET AL. 2007:14).

Erlebnisräume sind architektonische Einrichtungen. Die Architektur wiederum ist auch die inszenierungstechnische Rahmenbedingung für einen Erlebnisraum. Über architektonische Elemente können Themen aufgegriffen und Geschichten erzählt werden, Nähe sowie Distanz gewusst gebildet, Wiedererkennungswerte erzeugt und räumliche Bezugsstrukturen kreiert werden (BECKER ET AL. 2007:15). Beispielshaft anzuführen ist hierbei die Gartenarchitektur eines Themenparks, welche sich durch perfekte Symmetrie, Form, Größe von Elementen, visuelle Abgrenzung, sowie den Einsatz bunter, unnatürlicher Farben auszeichnen kann, um gezielt räumliche Dramaturgie und Besucherlenkung zu erzeugen (STEINECKE 2009:17).

Abbildung 4 **Gartenanlage Schloss Versailles**
(<https://upload.wikimedia.org/wikipedia/commons/a/a1/Orangerie.jpg>
Zugriff: 25.07.15)

Es macht den Anschein, dass Erlebnisräume in ihrer architektonischen Erfassung, die Bemühung zeigen, ein „unique aesthetic proposition" (GRÖTSCH 2006:14) zu schaffen. Hierbei lässt sich auch die Inspiration architektonischer Formen der Umwelt erkennen, welche durch Verzerrungsprozesse zu Hyperrealitäten (optimierte Orte) und Simulakren, innerhalb des Erlebnisraumes werden (Lossau et al. 2014:253).

Darüber hinaus können angesprochene Ziele auch über den Einsatz von Lichteffekten, in Form von Lightshows, Simulationen, Beleuchtung von Gebäuden stattfinden. Des Weiteren spielt die musikalische Untermalung eine bedeutsame Rolle. Wir finden in diesem Bereich vor allem thematische Live Bands, differenzierte Beschallung, sowie Jingles in Kaufhäusern (Steinecke 2009:14). Alle Inszenierungsformen greifen in Anbetracht ihres Repertoires hierbei nach Steinecke (2009:14) auf die Welt des Theaters und der Medien zurück. Zum anderen nutzen sie Erfahrungen aus bereits bewährten Inszenierungsformen historischer Kunstwelten (Parkanlagen, Springbrunnanlagen etc.).

Die Mythenbildung umfasst alle dramaturgischen Mittel eines Erlebnisraumes, um eine spannende Geschichte zu erzählen, von dem Abriss der Musikhistorie in einem Hard Rock Café über die Schönheit des Regenwaldes (*Rainforest Café*) bis zum aufregenden Unterwasserleben (*Dive!*) ist nach Becker et al. (2009:133) alles enthalten, was der Interessenanregung und kollektiver Themenassoziation der Konsumenten dient. Dabei wird der Wunsch der Besucher, in fremde Länder, Kulturen, Leben von prominenten Persönlichkeiten einzutauchen, verwendet.

Und wo der Wunsch bzw. die Nachfrage eines Erlebnisses besteht, sind die Angebote des entsprechenden Erlebnisraumes zur umfassenden Befriedigung und Injektion neuer Erlebniswünsche nicht weit.

Es ist prinzipiell alles zur Gestaltung und Mythisierung freigegeben, was den Erfahrungsschatz des kollektiven Gedächtnisses der Konsumenten gerecht wird. So ist es beispielsweise nachvollziehbar, das in vielen Themenwelten immer wieder das Piratenthema oder der Wilde Westen aufgegriffen werden (Steinecke 2009:10). Gerade solche Themen rufen im Besonderen die Kollektiven Bilder der Menschen hervor (Knox & Marston 2008:386) und beschleunigen somit nur den Prozess der Aneignung. Die Besuchermengen werden zum Teil des Mythos und können ihn nachempfinden, wie die Buffallo Bill's Wild West Show" in Disney Land zeigt.

Abbildung 5 **Buffalo Bill's Wild West Show**
(<http://www.dertour.de/xbcr/dertour_relaunch/buffalo-bill-dinner-show-564x421.jpg>
Zugriff: 26.07.15)

Auch die geschickte Ausnutzung von Symbolen gelingt dem Konzern sehr gut. Symbolisierung erfolgt hierbei durch das Beleben fiktiver Identifikationsfiguren wie Mickey Mouse, Goofy und Donald Duck.

Des Weiteren können aber auch Markenbilder und architektonische Bestandteile einen symbolhaften Wert ausmachen und sich zu Identifikationsmustern entwickeln (BECKER ET AL. 2007:134). Der Einsatz innovativer Technik führt abschließend zur Modellierung der angesprochenen Steuerungsfaktoren, sodass diese variiert werden können und nie langweilig und abgenutzt erscheinen (BECKER ET AL. 2007:135).Es lässt sich deutlich erkennen, dass Erlebnisräumen zahlreiche Möglichkeiten zu Verfügung stehen, um das Erleben im Raum zu konstruieren. Die ausgewählten Elemente stellen selbstverständlich nur einen Ausschnitt aus dem bestehenden Arsenal an Möglichkeiten der Ilusionierung dar. Aber genau dies veranschaulicht auch wieder einen hier zum Tragen kommenden Kernpunkt des Gesamtgebiets. Das

Vorhandensein einer unglaublichen Vielzahl an gestaltbaren Themen, an erzeugbaren Eindrücken und verwendbaren Identifikationsmustern und Symbolen lässt die Einteilung und genaue Bestimmung der jeweiligen Marketinginstrumente verschwimmen. Eine genaue Abgrenzung und Erfassung wird somit erschwert (Steinecke 2009:8).

Die Technik der Steuerung von Erlebnisräumen scheint an vielen Stellen noch nicht genau klar zu sein. Jedoch zeigen diese Ausführungen deutlich, dass erlebnisorientierte Räume auch als konsumtechnische Themenorte zu verstehen sind. Das Merkmal der direkten oder indirekten Thematisierung tritt hierbei fortwährend auf.

4.3 Auswirkungen von Erlebnisräumen

Die hohen Besucherzahlen, sowie Zufriedenheitswerte und Wiederbesuchsquoten stellen ein Beleg dafür dar, dass das Konzept von Erlebnisräumen aufgeht und eine emotionale Raumbindung der Besucher tatsächlich erfolgt (STEINECKE 2009:28). Ausgehend davon verzeichnen Erlebnisräume mehr Begeisterung als Kritik, was aus einer Studie im Jahre 1998 von OPASCHOWSKI (1998:32) hervorgeht. In dieser wurde einer Befragung zur Einstellung der bundesdeutschen Bevölkerung zu Erlebnisräumen und Erlebniswelten angesetzt. Demnach gaben 47 % der Befragten ein Vergnügen mit Familie und Freunden an. Mit Attraktionen und Sehenswürdigkeiten assoziierten 38% Erlebniseinrichtungen, während 29% die anregende Atmosphäre loben und 25% Ablenkung vom Alltag in Erlebnisräumen finden. Von der perfekten Illusion und Inszenierung sind 19% der Befragten begeistert, wohingegen nur wenige Konsumenten eine negative Kritik an entsprechenden Einrichtung äußern. Und genau dahingehend soll das Ergebnis der Befragung gedeutet werden.

Sind die Bürger von Industrienationen wirklich solche begeisterte Anhänger von Erlebnisräumen? Akzeptiert werden sie jedenfalls von der Mehrheit, wie aus den Befragungen hervorgeht. Nur wirft dies auch die Frage auf, welche Auswirkungen Erlebnisräumen auf unsere Raumwahrnehmung besitzen und wie weit der Einfluss von thematisierten Orten auf alltägliche Umwelt-, und Siedlungsstrukturen fortgeschritten ist. Der Trend zum künstlich geschaffenen Erlebnisraum stößt mitunter auf aggressive Kritik und feindlich gegenüberstehende Äußerungen seitens Intellektueller, Politiker, sowie Journalisten. So vergleichen angesehene bundesdeutsche Medienformate wie der „Stern" oder die „Zeit" den Besuch eines Erlebnisparks mit dem „Besuch auf einer Intensivstation" und die steuernden Einrichtungen als „Hochtemperaturreaktoren", welche zwanghaft und mit allen Mitteln versuchen, die vom Berufsalltag ausgebrannten und ernüchternden Menschen, durch konstruiertes Vergnügen und Erlebnis wieder aufzubereiten (STEINECKE 2009:50).

Ein Begründesansatz für die starke Feindseligkeit seitens meinungssteuernden Medien und Politkern findet sich nach DOGTEROM & SIMON (1997:50) in einer überwiegend elitären Haltung gegenüber Massenveranstaltungen und dem unreflektierten Aufnehmen des Mythifizierten.

Es erfolgt nach STEINECKE (2009:51) in Erlebnisräumen eine Überwindung der Natur. So stellt BECKER ET AL. (2007:132), dieser These beipflichtend, auch den Grundgedanken der perfekten Beherrschung und Umformung der Natur durch Erlebnismanagement heraus. Faszinierende Naturphänomene wie ein Vulkanausbruch, stellen in Erlebnisparks einen Anziehungspunkt dar, welcher mit dem Spektakel und der Gefahr verbunden ist, allerdings innerhalb konstruierter Räume abzielend auf den Erlebniszweck perfekt gesteuert werden kann, und die Besucher somit kein tatsächliches Risiko eingehen müssen. Die Natur wird tendenziell zum beliebigen und austauschbaren Erlebnismedium (HASSE 1994:49). In diesem Kontext sieht HASSE (1994:50) die angestrebte Loslösung der Authentizität der örtlichen Erfahrung vom natürlichen Raum, sodass die „Referenz-Natur" von der Erlebnissituation verwiesen wird.

Ein sehr anschauliches Beispiel, welches diesen Zusammenhang auf die Klimaxe seiner Deutbarkeit treibt, wird durch OPASCHOWSKI (1995:276) aufgezeigt. Dieses bezieht sich auf die Schilderung der Tourismuswirklichkeit des Grand Canyon und soll an dieser Stelle kurz aufgezeigt werden:

> „Der Reiseleiter hat in einer seiner ergreifenden Reden den Reisenden prophezeit, dass ihnen die Würde und Majestät des Grand Canyon den Atem verschlagen werde'. Tatsächlich aber bleiben die meisten, obwohl erwartungsgeladen (...) eher unerschüttert. Aber abends gibt es (...) einen dreidimensionalen Film über den Grand Canyon, wie er vor tausend und vor hundert Jahren war (...). Die Zuschauer rasen im sich wild überschlagenden Schlauchboot durch den Canyon und gleiten als sanfte Drachenflieger mit Adlern durch die Schluchten (...). Noch auf der Heimfahrt brausen Beifallstürme (...) durch den Bus."

Also kann davon ausgegangen werden, dass das vermittelte Erlebnis nicht zwingend den Anspruch von Wahrheit und Wirklichkeit gerecht werden muss, sondern eher als eine gestaltende Kraft wirkt.

Diese Aussage bekräftigend kann man hinzufügen, dass die Rationalität ökonomischer Systeme, wie sie sich in Erlebnisräumen nun klar abzeichnet, auf die Entwicklung einer Entsublimierungsleistung hinausläuft (HASSE 1994:44), wodurch der Ansatz von MACOUSE (1967:91) fortgeführt wird, der die Ablösung des Realitätsprinzips (natürliche Umgebung) durch das Lustprinzip (hyperreal dargestellte Umgebung) herausstellt.

Eine solche hyperreale Umgebung, beinhaltet Objekte wie Wahrzeichen, Sehenswürdigkeiten, Funktionszentren, welche allerdings keineswegs nur innerhalb des räumlichen Ausschnittes Erlebnisraum existieren, sondern auf alltägliche Siedlungsstrukturen übertragen werden können. So gelten beispielsweise das Themenhotel („Bellagio") und hyperrealen Wahrzeichen in Las Vegas als feste Landmarken und räumliche Orientierungspunkte innerhalb der Stadt für die Bewohner und Touristen.

Dass lässt wiederum die Frage zu, inwieweit unser kognitives Kartieren also durch Themeninput und Erlebnisfaktoren, Künstlichkeit beeinflusst wird.

Ein Erklärungsversuch kann unter anderem durch die Hinzunahme der Thesen zur kognitiven Gedächtnisbildung von DOWNS (1982:20) gelingen. Dieser zeichnet ein Grundbedürfnis der Menschen heraus, ihre Umwelt kennen zu lernen, sie zu erforschen, Handlungsspielräume zu kreieren und an bestimmten Orten Funktionen und Bedeutungen festzulegen. Im Sinne der sich immer weiter ausprägenden Erlebnisorientierung von Orten ändert sich auch die Schwerpunktsetzung des räumlich agierenden Menschen, sowie die innere Repräsentation der äußerlich wahrgenommen Umgebung. Somit ist nachvollziehbar, dass die Besucher und Einwohner Las Vegas, welche von verzerrten räumlichen Signifikationsobjekten umgeben sind, anstatt eines historischen Nationalmuseums beispielsweise die Nachbildung der Freizeitstatur in ihre „mental map" WERLEN (2008:165) integrieren, um eine räumliche Orientierung zu ermöglichen.

Las Vegas stellt zudem, wie aus einem Zitat von HÄNTZSCHEL (2001:302) zu entnehmen die Fusion einzelner Erlebnisräume dar:

„Las Vegas ist zeitlos, konfessionslos und charakterlos, es besitzt keine Geschichte und kein Wetter. Der Kapitalismus ist das einzige Gesetz, und auf den können sich alle einigen. Es ist die Stadt der Zukunft.".

Demnach existiert also keine Unterteilung in verschiedene Erlebnisräume, nein, die Stadt an sich stellt einen komplexen Erlebnisraum dar, und beruht einzig und allein auf dem Grundsatz der Unterhaltungsförderung und Erlebniskultur.

Ein weitere Fundstelle erkennbarer Einflüsse von Erlebnisräumen auf Siedlungsstrukturen wird durch ROOST (2000:35f.) aufgedeckt. Diese macht er an öffentlichen Subventionierung und privaten Investitionen des Disney-Konzerns, zum Umbau des Times Square in den letzten 20 Jahren, zu einem Vergnügungs – und Geschäftszentrum fest, welches zum einen alle Eigenschaften eines Urban Entertainment Centers aufweist und zum anderen spezialisierte Einzelhandelsgeschäfte, Themenrestaurants und Musical- Theater unter dem Dachthema von World Disney beinhaltet.

Abbildung 6 **Times Square, New York(<http://travellingmoods.com/timessquare-new-york/> Zugriff: 25.07.15**

Neben der thematisierten Umgestaltung traditioneller Geschäftszentren, erfolgt auch eine Suburbanisierung amerikanischer Wohnviertel nach Vorbild des Medienkonzerns Disney. Es kommt zur Bildung von Siedlungen, welche in ihren Baustrukturen und ihrer infrastruktureller Ausrichtung

Mainstreet im Disneypark Anaheim ähneln. Für jede Neubausiedlung wird zudem noch ein Storykonzept verfasst, welches nicht auf die Repräsentation der örtlichen Historie, sondern auf die Vermittlung eines spezifischen Lebensstils ausgerichtet ist (ROOST 2000:67f.).

Aus den Erkenntnissen können wir also schlussfolgern, dass sich innerhalb unserer postmodernen Gesellschaft einige direkt sichtbare und viele hintergründige Auswirkungen von Erlebnisräumen niederschlagen.

5. Zusammenfassung und Ausblick

Die geschilderten Einblicke und Zusammenhänge in den Themenbereich der Strukturen, Formen und Auswirkungspotenziale von Erlebnisräumen lassen die zukünftigen Entwicklungen und Ausprägungen um so spannender und interessanter erscheinen. Dier Kernfrage, welche sich stellt, lautet: Wie wollen wir zukünftig das räumliche Erlebnis, Wahrnehmen gestalten und mit welchen Raumstrukturen werden sich Geographen zunehmend beschäftigen müssen?

Die abgezeichneten Zukunftsaussichten nach BECKER ET AL. (2007:136) lassen einen zunehmenden Übergriff von Freizeit und Konsumeinrichtungen auf Wohn- und Arbeitsverhältnisse vermuten. Die vorrangigen Unterhaltungsbedürfnisse der Konsumenten müssen durch die ständige Weiterentwicklung von technischen Hilfsmitteln und fortwährend neuen Produktideen und Vergnügungsformen erfüllt werden. Parallel dazu nimmt die Distanz zwischen Mensch und natürlichem Umfeld, den real vorhandenen, wirklichen Umgebungselementen, immer mehr zu. Die Natur wird durch Hyperrealisierung und Inszenierung derselben ersetzt und wird schlussendlich auch nur ein mögliches Themenrepertoire von Marketingstrategen in Planungsbüros der Themenparks und Erlebnis- Kaufräume. Das Grundbedürfnis der menschlichen Neugier bezüglich seiner natürlichen Umwelt und ihrer Erforschung, ihres Erlebens und Wahrnehmens nach DOWNS (1982:20) treibt uns in diese Richtung.

Aber in Zeiten des Konsumzeitalters wird auch dieses Bedürfnis vermarket und durch ein konstruiertes, geplantes, künstliches Erlebnis und Wahrnehmen ersetzt. Also müssen wir uns die Frage stellen in welchen Räumen wir uns in Zukunft alltäglich bewegen wollen und bereits schon bewegen. Denn möglicherweise sind Vorstellungen und Fiktionen von Dystopieautoren wie Huxley und Orwell gar nicht so abwegig und wir finden uns schlussendlich in einem großen Themenpark Namens Erde wieder. Erste Projekte aus den Federn, des zu diesem Thema als Innovationsvorreiter erscheinendem Hause Disney sind geplant, wie das Siedlungsprojekt EPCOT, als eigenständige hypermoderne Stadt für die Mitarbeiter des Konzerns, zeigt (ROOST 2000:73).

Andererseits treten auch Gegenpositionen zu diesen Problemstellung auf. So beschreibt SCHULZE (1999:11) die Inszenierungen der Gegenwart nicht als lügnerisch, sondern spielerisch und schreibt ihnen einen gewissen Mitgestaltungscharakter zu. Somit kristallisieren sich diese nicht als konstruierte Massenbeeinflussung, sondern als eine: „eigentümliche Form von Wirklichkeit", heraus. Und auch OPASCHOWSKI (1995:274) sieht eine geerdete Abstimmung, sodass keine Form der Boshaftigkeit bezüglich dessen stattfindet.

6 Fazit

Im Rahmen dieser Hausarbeit wurden Themenorte anhand ihrer kommerziellen Ausrichtungsform, den Erlebnisräumen, beleuchtet. Es konnte vor allen Dingen ein umfassender Einblick in die Thematik, durch die Analyse der Entwicklungshintergründe, Klassifikationen, Steuerungsfaktoren und Auswirkungen von Erlebnisräumen, ermöglicht werden.

Zudem erhebt die Untersuchung den Anspruch, ein breitgefächertes Gebiet an literarischer Auseinandersetzung, aus den Bereichen der Freizeit- und Tourismusgeographie, sowie der Soziologie, aufzuzeigen, da die gewonnenen Erkenntnisse und Argumentationen stets im Zusammenhang mit einer gesellschaftlichen Wertehaltung oder dem vorherrschenden gesellschaftlichen System an sich zu betrachten sind.

Die Komplexität der Themenorte kann am Teilspektrum der Erlebnisräume veranschaulicht dargestellt und dem Leser verständlich gemacht werden.

Die Thematik betrifft zudem die Lebenswelt von uns Allen und ist es deswegen um so intensiver, hinsichtlich ihrer zukünftigen Entwicklung, aufmerksam und kritisch zu beobachten.

Denn jeder Einzelne soll sich darüber im Klaren sein, inwiefern er in alltäglichen Räumen direkt und indirekt zu der Gestaltung thematisierter Orte beiträgt und darüber entscheiden können, wie er sein persönliches Erleben gestalten möchte.

Literatur

AUGÈ, M. (1994): Orte und Nicht-Orte. Vorüberlegungen zu einer Ethnologie der Einsamkeit. Frankfurt am Main: Fischer.

BECKER, C., HOPFINGER, H. & A. STEINECKE (2007³): Geographien der Freizeit und des Tourismus. Bilanz und Ausblick. München – Oldenbourg: Wissenschaftsverlag.

BERMES, C. (2004): Welt als Thema der Philosophie. Vom metaphysischen zum natürlichen Weltbegriff. Hamburg: Meiner Verlag.

BIRENHEIDE, A. & A. LAGNERO (2005): Stätten der späten Moderne. Reiseführer durch Bahnhöfe, shopping malls, Disneyland Paris. Wiesbaden: Verlag für Sozialwissenschaften.

BOLZ, N. (1999): Die Stadt als Marke. Fünf urbane Trends. In: Das Magazin (1999); Nr.2/3, 32-33.

DOGTEROM, R. & J. SIMON (1997): Ferienzentren 2015. In: STEINECKE, A. & M. TREINEN (Hrsg.): Inszenierung im Tourismus. Trends, Modelle, Prognosen. Trier: Europäisches Tourismus Institut.

DOWNS, R.M. (1982): Kognitive Karten. Die Welt in unseren Köpfen. New York: Harper & Row.

ENTREß, A. (2000): Financial Times Deutschland. Hamburg: G+J Wirtschaftsmedien GmbH & Co.

FLITNER, M. & J. LOSSAU (2006²): Themenorte. Berlin: LIT.

FRANCOIS, E. & H. SCHULZE (2001²): Deutsche Erinnerungsorte. München: C.H.Beck Verlag.

GERHARDT, U. & H. SCHMID (2009): Die Stadt als Themenpark. Stadtentwicklung zwischen alltagsweltlicher Inszenierung und ökonomischer Inwertsetzung. In: o.A. (Hrsg.): Berichte zur deutschen Landeskunde.

Band 83. Leipzig: Dt. Akademie für Landeskunde, 311-330.

GRÖTSCH, K. (2006): Aha- Ein Erlebnis!. Über Erlebnisinszenierung und
Emotionsmanagement. In: WEIERMAIR, K. & A. BRUNNER-SPERDIN:
Erlebnisinszenierung im Tourismus erfolgreich mit emotionalen
Produkten und Dienstleistungen. Berlin: Erich Schmidt Verlag.

HASSE, J. (1994): Erlebnisräume. Vom Spaß zur Erfahrung. Wien: Passagen
Verlag.

HÄNTZSCHEL, J. (2001): Das Paradies in der Wüste. Las Vegas. In: BITTNER, R.
(Hrsg.): Urbane Paradiese. Zur Kulturgeschichte modernen Vergnügens.
Frankfurt: Campus Verlag. S.297 -302.

HENNINGS, G. (2000): Erlebnis – und Konsumwelten. Steuerungsfaktoren,
Akteure, Planung. München: Oldenbourg Wissenschaftsverlag.

HERWIG, O. & F. HOLZHERR (2006): Dream Worlds. Architecture an entertainment.
München: Prestel.

KNOX, P.- L. & S.A MARSTON (2001): Humangeographie. Heidelberg: Spektrum.

KNOX, P.- L. & S.A MARSTON (2008^4): Humangeographie. Heidelberg: Spektrum.

LOSSAU, J., FREYTAG, T. & R. LIPPUNER (Hrsg.) (2014): Schlüsselbegriffe der Kultur-
und Sozialgeographie. Stuttgart: Eugen Ulmer.

MARCOUSE, H. (1967): Das Ende der Utopie. Berlin: Verlag Peter von
Maikowski.

OPASCHOWSKI, H.W. (1995^2): Freizeitökonomie. Marketing von Erlebniswelten.
Opladen: Leske +Budrich.

OPASCHOWSKI, H.W. (1998) : Kathedralen und Ikonen des 21. Jahrhunderts: Zur
Faszination von Erlebniswelten. Die Zukunft von Freizeitparks und
Erlebniswelten. München: Oldenbourg.

ROOST, F. (2000): Die Disneyfizierung der Städte. Großprojekte der Entertainmentindustrie am Beispiel des New Yorker Times Square und der Siedlung Celebration in Florida.Opladen: Leske + Budrich.

SCHULZE, G. (1992²): Die Erlebnisgesellschaft. Kultursoziologie der Gegenwart. Frankfurt: Campus Verlag.

SCHULZE, G. (1999): Kulissen des Glücks. Streifzüge durch die Eventkultur. Frankfurt: Campus Verlag.

SCHULZE, G. (2000⁸): Die Erlebnisgesellschaft. Kultursoziologie der Gegenwart. Frankfurt: Campus Verlag.

SCHLOTT, K. (2014): Brot und Spiele. Alltag im antiken Rom. Stuttgart: Franz Steinert Verlag.

STEINECKE, A. (2000): Erlebniswelten und Inszenierungen im Tourismus. Geographische Rundschau (2000),H.2, S. 42-45.

STEINECKE, A. (2009): Themenwelten im Tourismus. Marktstrukturen. Marketing-Management. Trends. München: Oldenbourg Verlag.

WEINBERG, P. & S. DIEHL (2000): Erlebniswelten für Marken. In: ESCH, F.R. (Hrsg.): Moderne Markenführung. Wiesbaden: Gabler Verlag.

WERLEN, B. (2008³): Sozialgeographie. Bern, Stuttgart, Wien: Haupt Verlag.